JN097818

Android スマホ

の改造

はじめに

　昨今、「スマホ」は、社会に普及し、もはや、ただの"通信機器"とは言えないほどの多くの機能や役割をもつようになりました。

　しかし、スマホを使う場面が増えるのに伴って、スマホの機能やストレージ容量などに物足りなさを感じる機会もまた増えています。

　そこで本書では、「Androidスマホ」に手を加えて、便利な機能やアプリをインストールしたり、ストレージの容量を増やしたりする方法をまとめました。

　ネット上のブログ記事から、役立つ情報を、各ブログの筆者の了解を得て、抜粋し、収録しています。

　記事を参考に、素のままではできないことをできるようにして、便利で快適なスマホライフを送りましょう。

編集部

Androidスマホの改造

CONTENTS

注　意

・本書の内容を実行する際は、すべて自己責任で行なってください。

　実行した結果、スマホの動作に異常が発生した、あるいは故障した場合でも、当社は責任を負いません。

・本書で扱っているのは、「Androidスマホ」の内部データやシステムの改造です。

　スマホ本体の改造は電波法に抵触します。

第1章

非公式アプリを入れる
―root化

Android端末の機能を拡張するにあたって「定番」と言えるのが「root化」です。

この章では「root化」の概要や、メリット／デメリット、やり方について解説します。

第1節で紹介するのはアプリを用いた簡単な方法、第2節はそれよりも少し高度な方法です。

1-1 機械オンチでもできる！ Androidを「root(ルート)化」する方法

「Android端末を『root化』して、スマホを自分色に染めたい！」

「だけど、『root化』って何だか難しそう……」

ここでは、専門知識なしでもできる「root化」の方法を紹介します。

実際、超機械オンチな筆者でも「root化」に成功しました。

手順は、「専用アプリ」をインストールして、ワンタップするだけです。

ぜひ、参考にしてみてくださいね。

筆者	なき
サイト名	「巨人メディア」
URL	https://l-kyojin01.jp/

■「root化」とは？

「root化」とは、"Androidの「管理者権限」を取得すること"を意味します。

Androidを購入した時点では、「ユーザー・モード」になっています。

「ユーザー・モード」では、「与えられたユーザー権限」の範囲内でしか操作が

できません。

　しかし、「root化」すると、「ユーザー・モード」から「特権モード」(特権ユーザー)に変更されます。

　簡単に言えば、「管理者」になれるということです。

　「管理者権限」を与えられた特権モードなら、ユーザー・モードでは使えない機能が使えます。

　たとえば、アクセスできないファイルを閲覧できたり、初期設定を変えることが可能です。

　なお、iPhoneではroot化のことを「脱獄」(Jailbreak)と呼んでいます。

■Androidの「root化」はアプリで簡単にできる

　「root化」というと難しく感じる人もいるかもしれません。

　しかし、「root化アプリ」を使うことで、PCを使わずに簡単に「root化」することができます。

＊

　現在、Android端末を「root化」できるお勧めアプリは以下の2つです。

お勧めアプリ

・Kingo ROOT
・Kingroot

　これらのアプリはワンタップでroot化できるため、難しい設定は必要ありません。

[1-1] 機械オンチでもできる！Androidを「root(ルート)化」する方法

[お勧め①] Kingo ROOT

「Kingo ROOT」では、以下の手順で「root化」できます。

[手順] 「Kingo ROOT」での「root化」

[1] 「Kingo ROOT」をダウンロード

図1-1-1　KingoRoot

Kingo ROOT
https://kingo-root.jp.uptodown.com/android/download

[2]「保存しますか？」と表示されたら、OK を選択。

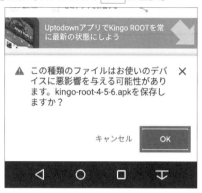

図1-1-2　ダウンロードをOKする

[3] ダウンロードした「apkファイル」を開いて、インストール をタップ。

図1-1-3　インストール

[4] インストールが完了したら、開く をタップ。

図1-1-4　アプリを開く

[5] アプリを開いたら、One Click Root をタップ。

図1-1-5　「root化」ボタン

　以上で、「root 化」は完了です。

＊

[お勧め2] KingRoot

　「KingRoot」は、以下の手順で「root 化」できます。

[手順]　「KingRoot」での「root 化」

[1]「KingRoot」をダウンロード

図1-1-6　KingRoot

KingRoot

https://kingroot.jp.uptodown.com/android/download

---

[2] 「保存しますか？」と表示されたら、 OK を選択。

図1-1-7　OKボタン

[3] ダウンロードしたapkファイルを開いて、 インストール をタップ。

図1-1-8　インストールボタン

[4] インストールが完了したら、開く をタップ。

図1-1-9　開くボタン

[5] アプリを開いたら、TRY IT をタップ。

図1-1-10　try itボタン

以上で、「root化」は完了です。

Column 人気のroot化アプリ「iRoot」は、ウイルスの混入が発覚

筆者のブログでお勧めのroot化アプリとして紹介していた「iRoot」は、ウイルス(マルウェア)の混入が確認されました。

現在は危険なので、ダウンロードは控えてください。

どうしても試す場合は、必ず「セキュリティ・アプリ」を導入したうえで、自己責任でお願いします。

■「root化アプリ」が起動しない場合の対処法

●提供元不明のアプリのインストール許可をオンにする

「root化アプリ」は非公式なので、「提供元不明アプリ」に分類されます。

「提供元不明アプリ」のインストールを許可するには、設定 → セキュリティ → 提供元不明のアプリをタップしてオンにします。

これで、正規アプリでなくてもインストールの許可が下ります。

●Google Playのセキュリティ設定を解除する

「root化アプリ」のインストール途中に、Google Playのセキュリティが働いてインストールが中断される場合があります。

図1-1-11　セキュリティでブロックされる場合もある

　「Play プロテクトによりブロックされました」と表示されたら、Google Play を開いて メニュー をタップ。

　「Play プロテクト」から、 端末をスキャンしてセキュリティ上の脅威を確認 を OFF にします。

■「root化」成功の確認方法

　「root 化」の成功を確かめたいなら、「**Root Checker**」が便利です。

＊

　「Root Checker」をインストールしたら、アプリ内の「Verify Root Access」をタップしましょう。

　「**Congratulations**」の文字が表示されたら、「root 化」に成功しています。

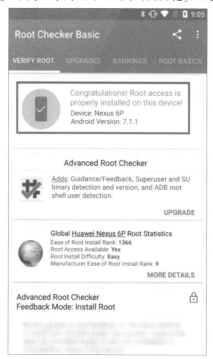

図 1-1-12　「Congratulations」表示で「root化」成功

■「root化」を解除して元に戻す方法

「root化」したあと、端末を元の状態に戻したくなったら、アプリで「root化解除」ができます。

お勧めアプリは「SuperSU」です。
端末を初期化する必要はありません。

*

root化解除の手順は次の通りです。

(1) SuperSU をインストール

(2) 設定から「ルート権限を放棄(アンルート)」をタップ

以上で完了です。
ワンタップで解除できるため、非常に簡単です。

■Androidを「root化」するメリット

[メリット]
・「プリインストール・アプリ」の削除やカスタマイズができる
・CPUのオーバークロックができる
・格安SIM×ドコモ端末でテザリングできる
・古い機種でも「SIMロック解除」ができる

●プリインストール・アプリ」の削除やカスタマイズができる

「root化」をすると、アプリを自由に扱えるようになります。

メーカー独自の「プリインストール・アプリ」も自由に削除可能になり、本来インストールできない非公式のアプリもインストールできるようになります。

また、Androidを「root化」すると、「システム・ファイル」を操作できるため、アプリだけでなく端末自体も自由にカスタマイズできます。

●CPUの「オーバークロック」ができる

「root化」すれば、スマホのCPUを「オーバークロック」（CPUの処理速度を上限よりも高くすること）させて処理動作を速くすることが可能です。

ゲームアプリで「チート」をできる可能性もあります。

＊

「オーバークロック」の手順は、「root化」したあとに「SetCPU」（220円）を使います。

SetCPU for Root Users
https://play.google.com/store/apps/details?id=com.mhuang.
overclocking&hl=ja

[手順]　「SetCPU」の使い方

[1]「Continue Recommended」を選択

[2]上限・下限クロックを調整

[3]「ondemand」で動作モード（手動・自動）を設定

> ※「オーバークロックの設定」は上級者向けなので、初心者は手を出さないようにしましょう。

Tips　**古い端末を最適化するより、海外製の最新「SIMフリー・スマホ」を安く購入したほうがいい**

　もし、現在の機種のCPUが物足りず、オーバークロックさせたいと考えているなら、思い切って海外製の「SIMフリー・スマホ」を購入したほうがいいでしょう。
　なぜ「海外製」かというと、「日本製」よりハイスペックであるにもかかわらず、価格が安いからです。
　HUAWEI（中国製）やOPPO（中国製）なら1～3万円で新型CPUが搭載されています。

[1-1] 機械オンチでもできる！Androidを「root(ルート)化」する方法

●格安SIM×ドコモ端末でテザリングできる

ドコモのAndroid端末で「格安SIM」を使うと、「テザリング」ができない場合があります(iPhoneは問題なし)。

格安SIM×ドコモのAndroid端末で「テザリング」できない理由は、APNが強制的にドコモのSPモードに切り替わるためです。

「root化」を行なえば、APNの強制切り替えプログラムを無効化できます。

●古い機種でも「SIMロック解除」ができる

大手キャリア(au・ドコモ・ソフトバンク)で「SIMロック解除」が義務化されたのは2015年5月からです。

そのため、2015年4月以前の端末は、「SIMロック解除」ができないケースがほとんどです。

解決策として、通常は新しい機種に乗り換えるしかありませんが、「root化」すれば「SIMロック解除」が可能になります(非公式の「SIMロック解除アプリ」が使える)。

■Androidを「root化」するデメリット

[デメリット]
・故障する可能性がある
・メーカー保証がなくなる
・セキュリティが弱まる

●故障する可能性がある

「root化」で最もやっかいなデメリットは、端末が故障する恐れがあることです。

*

「root化」すると、すべての権限を手に入れられるので、自由にアプリやファイルの削除ができます。

しかし、端末を動かすために必要な「システム・ファイル」を誤って削除する

と、その端末はもう動きません。

俗に言う、「文鎮化」です。

端末を自由に扱える反面、知識がないまま適当にいじると故障させてしまう可能性があることを覚えておきましょう。

●メーカー保証がなくなる

Androidを「root化」すると、メーカー保証がなくなります。

どのメーカーもroot化を認めていないため、修理やサポートを受けられなくなるのです。

また、「root化」して端末が使えなくなっても**自己責任**です。

端末の動作が不安定になったり、一部のアプリが起動しなくなった場合でも対応はしてくれません。

●セキュリティが弱まる

Androidを「root化」すると、端末内の重要ファイルにアクセスできるようになります。

その結果、外部からの不正アクセスに対して防御力が落ちるため、脆弱性が一気に高まります。

マルウェアなど悪質なウイルスをインストールしてしまうと、

・個人情報の漏洩
・不要な広告の表示
・システムを乗っ取られる
・システムが停止する

といった危険性があります。

また、「root化」するとあらゆる非公式アプリをインストールできるようになるので、危険なアプリをインストールするリスクが高まります。

「root化」する際は、あらゆる手段でセキュリティを高めておくことをお勧めします。

■「root化」は違法？

「root化」は違法行為なのか気になるところです。

結論から言えば、違法でありません。

ただし、「root化」した端末で、使用する周波数帯を勝手に変更すると**「電波法」**
に抵触するので気をつけましょう。

*

この節では、Androidを「root化」する方法について解説してきました。

アプリを使えば「root化」は簡単な操作で実行できます。
自分のスマホを自由にカスタマイズしたい方は、試す価値ありです。

ただし、「root化」はリスクも伴うので注意が必要です。
誤って重要なファイルを削除しないように気を付けましょう。

故障の原因にもなるので、初心者の方は特にご注意を。

■おさらい

> **Q**：「root化」とは、何ですか？
> **A**：Androidの「管理者権限」を取得することを意味します。

> **Q**：「root化」する方法は？
> **A**：専用アプリを使えば、ワンタップでroot化できます。

> **Q**：「root化」のメリットは？
> **A**：自分好みに端末をカスタマイズできます。オーバークロックやプリイ
> ンストール・アプリの削除などが行なえます。

> **Q**：「root化」のデメリットは？
> **A**：故障する可能性があります。また、メーカー保証が対象外になる点も
> 注意が必要です。

1-2　「Pixel3・android11（R）」正式リリース版で「root化」

「root化」によるメリットは、けっこうあります。

もちろんデメリットもありますが、実際にいろいろ触って体験してみましょう。

筆者	じゃんくはっく
サイト名	「JunkHack」
URL	https://hack.gpl.jp/

■「root化」して何をするの……？

今回、スマホ（Pixel3）を「root化」する1つの大きな目的は「Termux」です。

「Termux」は、「root化」しなくてもいろいろなアプリが動作する大変面白い神アプリですが、「1024ポート」未満は、「root権限」がないと動作しません。

たとえば、「nginx」を「80番ポート」で動作させようとすると、以下のようになります。

```
$ nginx
nginx: [warn] the "user" directive makes sense only if the
master process runs with super-user privileges, ignored in /
data/data/com.Termux/files/usr/etc/nginx/nginx.conf:3
nginx: [emerg] bind() to 0.0.0.0:80 failed (13: Permission
denied)
```

このように「root権限」がないと、「バインド」できないのです。

WEBサーバ以外にも、たとえば「DNSの53ポート」や、「SSLの443」など、なるべくそのままのポートで動作させたいものがありますが、「root化」していれば、この制限がなくなります。

というわけで、今のところ、「内部向けDNSと、WEB・SSLサーバをスマホで動作させたい」というのが「root化」の大きな目的です。

＊

著者のブログが動作している「Umidigi F2」というスマホでも「Termux」が動作していて、そこでは「8080」と「8443ポート」で動作しているWordPressがあ

ります。

　現在は外向け用に、「グローバルIP＋ポート」を「プライベートIP＋内部ポート」に変換して運用しています。

　しかし、内部からのアクセスだと、「Uターン NAT」ができないルータの影響で、内部ネットワークからはドメイン名でWordPressにアクセスできません。

　ポート変換がないなら内部向けDNSを作ればシンプルに解決できるので、「ポート53」で動作する「省電力DNSサーバ」と「WEB/SSLサーバ」が欲しかったわけです。

…というわけで、Pixel3の「root化」をやってみましょうか。

■「root化」の概要

　こういうのは、全体像が見えていることが大事です。

　今回、Pixel3のAndroid11最新バージョンの状態で、どのようにroot化するか、要点をまとめてみます。

・「Magisk」というツールを使い、「twrp」は使わない
・「Magisk」を使い、「純正ファクトリー・イメージ」に含まれる Boot にパッチする
・adb純正ツールで、Boot を Pixel に書き込む
・Termux は root 権限を利用できるよう Magisk に設定しておく

＊

　「root化」というのは、①Bootプロセスの一部に細工を加え、②その後に展開されるOSイメージの「root権限」を奪取して、③永続化できるよう書き換える、というものです。

＊

　Pixelの場合は、ブートローダは普通に誰でもアンロックできるので「boot.img」を程よく書き換えれば、その後マウントされる中でrootがイキの状態にもっていけるということです。

　他にも違うやり方はあると思いますが、「Magisk」というツールがなかなかよかったので、今回はこれでやることにします。

boot中にどのような手法でやっているのか（一部、脆弱性を利用していると思いますが）、その具体的な手法については未調査です。

■必要なツールと準備

さて、まずは「前準備」が大切です。

SDK・プラットフォームツール
（これは最新にしておいてください）
https://developer.android.com/studio/releases/platform-tools.html

※AndroidStudioから最新にする方法もあります。
※また、入れてあれば上記からDLして、本来入っているところに上書きしておけばOKです。

現在の最新は以下のバージョンです。

```
$ adb --version
Android Debug Bridge version 1.0.41
Version 30.0.4-6686687
```

*

次は、「ファクトリー・イメージ」をダウンロードしておきます。

Factory Image
"blueline" for Pixel 3
11.0.0 (RP1A.200720.009, Sep 2020)
https://developers.google.com/android/images

Pixel3のコードネームは、「bluline」です。

これの現在最新の「11.0.0 (RP1A.200720.009, Sep 2020)」をダウンロードしておきます。

*

コマンドでやる場合は、以下のようになります。

著者は、ルート直下に「srcディレクトリ」を作っていますが、パスが長くなるのが嫌だっただけなので、別にどこでやってもいいです。

[1-2]「Pixel3・android11(R)」正式リリース版で「root化」

```
$ sudo mkdir /src
$ sudo chmod 777 /src
$ cd /src
$ wget https://dl.google.com/dl/android/aosp/blueline-
rp1a.200720.009-factory-145e4cc
4.zip
$ shasum -a 256 blueline-rp1a.200720.009-factory-145e4cc4.zip
```

> ※「Checksum」を確認しておいてください。
> RP1A.200720.009

■「ファクトリー・イメージ」を展開

ダウンロードしたファイルを展開します。

```
$ unzip blueline-rp1a.200720.009-factory-145e4cc4.zip
$ tree blueline-rp1a.200720.009
blueline-rp1a.200720.009
├── bootloader-blueline-b1c1-0.3-6623201.img
├── flash-all.bat
├── flash-all.sh
├── flash-base.sh
├── image-blueline-rp1a.200720.009.zip
└── radio-blueline-g845-00107-200702-b-6648703.img
```

さらに、その中の「イメージファイル」を展開。

```
$ mv blueline-rp1a.200720.009/*.zip ./
$ mv blueline-rp1a.200720.009/*.img ./
$ unzip image-blueline-rp1a.200720.009.zip -d image-blueline-
rp1a.200720.009
$ tree image-blueline-rp1a.200720.009
image-blueline-rp1a.200720.009
├── android-info.txt
├── boot.img
├── dtbo.img
├── product.img
├── super_empty.img
├── system.img
├── system_ext.img
├── system_other.img
├── vbmeta.img
```

```
    └── vendor.img

$ mv image-blueline-rp1a.200720.009/boot.img ./
```

■「Magisk Manager」を入れる

　スマホのアプリなので、スマホからの操作です。

　「Magisk Manager Canary」から、APKをDLして入れておく。

Magisk Manager Canary
https://github.com/topjohnwu/magisk

図1-2-1　Magisk Manager Canary

　「Canaryビルド」のほうが、現時点ではインターフェイスが新しくなって使いやすかったです。

■「boot.img」をスマホに転送

　先ほど、「ファクトリー・イメージ」の中から取り出した、「boot.img」をスマホに転送しておきます。

　adbコマンドでやる場合は、以下のとおりです。

```
$ adb push ./boot.img /sdcard/Download/
./boot.img: 1 file pushed, 0 skipped. 83.1 MB/s (67108864 bytes
in 0.770s)
```

　「Android File Transfer」とかを使ってもOKです。

　何らかの方法でスマホに転送してください。

■「Magisk Managerアプリ」でパッチ

スマホに転送した「boot.img」に「Magisk Managerアプリ」でパッチを当てます。

図1-2-2 「パッチするファイルの選択」にチェック

> ※「Magiskマネージャー」はインストール後、設定から更新チャンネルをβ版に変更しておきます。

「boot.img」を選択して、「LET`S GO→」を押します。

図1-2-3　「LET`S GO→」を押す

「All done！」と表示されたら、「パッチ当て」は成功です。

■「magisk_patched.img」をPCにダウンロード

PCから、「adbコマンド」でパッチした「boot.img」を書き込むため、先ほどの「magisk_patched.img」PCにダウンロードしておきます。

「adbコマンド」でやる場合は、以下のとおりです。

```
$ adb pull /sdcard/Download/magisk_patched.img ./
/sdcard/Download/magisk_patched.img: 1 file pulled, 0 skipped.
69.2 MB/s (67108864 bytes in 0.925s)
```

■OEMロック解除

開発者オプションから、「OEMロック解除」を「ON」にしておきます。
あと、「USBデバック」も「ON」です。

＊

一回、電源を落とします。
電源オフの状態から「電源＋ボリューム下キー」を長押しして、"Fastboot Mode"を起動。

```
$ fastboot flashing unlock
```

　スマホ本体の「ボリューム上下キー」で「Unlock the bootloader」を選択、電源キーで確定します。

```
$ fastboot reboot
```

■PCから「イメージファイル」を書き込み

　PCから、「adbコマンド」でいろいろと書き込みます。
＊
　まずは、スマホを「Fastboot mode」にしておきましょう。
　再起動して「ボリューム下キー」を押せば、「Fastboot mode」でスマホが起動します。

　PCから認識されているか確認しておきます。
　以下のようにシリアルナンバーが表示されていれば、OKです。

```
$ fastboot devices
8*******6      fastboot
```

　「ファクトリー・イメージ」に含まれる、以下のファイルを書き込みます。

```
$ fastboot flash bootloader <以下ファイルをD&D>

bootloader-blueline-b1c1-0.3-6623201.img
```

> ※「半角スペース」を忘れないようにしましょう。
> 例：fastboot flash bootloader<半角スペース><ファイルパス>

　実行例は以下です。

```
$ fastboot flash bootloader ./bootloader-blueline-
b1c1-0.3-6623201.img
Sending 'bootloader_b' (8537 KB)              OKAY [  0.290s]
Writing 'bootloader_b'                        (bootloader)
Flashing Pack version b1c1-0.3-6623201
(bootloader) Flashing partition table for Lun = 0
(bootloader) Flashing partition table for Lun = 1
(bootloader) Flashing partition table for Lun = 2
(bootloader) Flashing partition table for Lun = 4
```

```
(bootloader) Flashing partition table for Lun = 5
(bootloader) Flashing partition msadp_b
(bootloader) Flashing partition xbl_b
(bootloader) Flashing partition xbl_config_b
(bootloader) Flashing partition aop_b
(bootloader) Flashing partition tz_b
(bootloader) Flashing partition hyp_b
(bootloader) Flashing partition abl_b
(bootloader) Flashing partition keymaster_b
(bootloader) Flashing partition cmnlib_b
(bootloader) Flashing partition cmnlib64_b
(bootloader) Flashing partition devcfg_b
(bootloader) Flashing partition qupfw_b
(bootloader) Flashing partition storsec_b
(bootloader) Flashing partition logfs
OKAY [  0.825s]
Finished. Total time: 1.384s
```

＊

次のコマンドをやっておきます。

```
$ fastboot reboot bootloader
```

実行例は以下です。

```
$ fastboot reboot bootloader
Rebooting into bootloader                    OKAY [  0.081s]
Finished. Total time: 0.081s
```

＊

「radioファイル」を書き込みます。

```
$ fastboot flash radio <以下ファイル>

  radio-blueline-g845-00107-200702-b-6648703.img
```

実行例は以下です。

```
$ fastboot flash radio ./radio-blueline-g845-00107-
200702-b-6648703.img
Sending 'radio_b' (71436 KB)                 OKAY [  1.670s]
Writing 'radio_b'                            (bootloader)
Flashing Pack version SSD:g845-00107-200702-B-6648703
(bootloader) Flashing partition modem_b
OKAY [  0.555s]
```

```
Finished. Total time: 2.495s
```
＊

そして、以下のコマンドをやっておきます。

```
$ fastboot reboot bootloader
```

実行例は先と同じなので省略です。

＊

Android11の本体イメージを書き込みます。

```
$ fastboot --skip-reboot update <以下ファイル>

 image-blueline-rp1a.200720.009.zip
```

以下が実行例です。
ここは少し時間がかかります。
途中リブートしましたが、放っておけばOKです。

```
$ fastboot --skip-reboot update ./image-blueline-
rp1a.200720.009.zip
---------------------------------------------
Bootloader Version...: b1c1-0.3-6623201
Baseband Version.....: g845-00107-200702-B-6648703
Serial Number........: 8*******6
---------------------------------------------
extracting android-info.txt (0 MB) to RAM...
Checking 'product'                         OKAY [  0.058s]
Checking 'version-bootloader'              OKAY [  0.060s]
Checking 'version-baseband'                OKAY [  0.060s]
Setting current slot to 'b'                OKAY [  0.396s]
extracting boot.img (64 MB) to disk... took 0.503s
archive does not contain 'boot.sig'
Sending 'boot_b' (65536 KB)                OKAY [  1.531s]
Writing 'boot_b'                           OKAY [  0.468s]
extracting dtbo.img (8 MB) to disk... took 0.017s
archive does not contain 'dtbo.sig'
Sending 'dtbo_b' (8192 KB)                 OKAY [  0.280s]
Writing 'dtbo_b'                           OKAY [  0.170s]
archive does not contain 'dt.img'
archive does not contain 'recovery.img'
extracting vbmeta.img (0 MB) to disk... took 0.000s
archive does not contain 'vbmeta.sig'
```

```
Sending 'vbmeta_b' (8 KB)                        OKAY [  0.120s]
Writing 'vbmeta_b'                               OKAY [  0.067s]
archive does not contain 'vbmeta_system.img'
archive does not contain 'vendor_boot.img'
extracting super_empty.img (0 MB) to disk... took 0.000s
Rebooting into fastboot                          OKAY [  0.060s]
< waiting for any device >

   ※端末がリブート  >  もう一度リブート
     >fastbootd 画面になる
     >さらに、コマンドが流れる


Sending 'system_b' (4 KB)                        OKAY [  0.001s]
Updating super partition                         OKAY [  0.006s]
Deleting 'system_a'                              OKAY [  0.005s]
Deleting 'vendor_a'                              OKAY [  0.005s]
Resizing 'product_b'                             OKAY [  0.005s]
Resizing 'system_b'                              OKAY [  0.005s]
Resizing 'system_ext_b'                          OKAY [  0.006s]
Resizing 'vendor_b'                              OKAY [  0.006s]
archive does not contain 'boot_other.img'
archive does not contain 'odm.img'
extracting product.img (1871 MB) to disk... took 14.110s
archive does not contain 'product.sig'
Resizing 'product_b'                             OKAY [  0.006s]
Sending sparse 'product_b' 1/8 (262140 KB)       OKAY [  6.294s]
Writing 'product_b'                              OKAY [  2.634s]
Sending sparse 'product_b' 2/8 (262140 KB)       OKAY [  6.388s]
Writing 'product_b'                              OKAY [  1.599s]
Sending sparse 'product_b' 3/8 (262140 KB)       OKAY [  6.376s]
Writing 'product_b'                              OKAY [  1.598s]
Sending sparse 'product_b' 4/8 (262140 KB)       OKAY [  6.399s]
Writing 'product_b'                              OKAY [  1.648s]
Sending sparse 'product_b' 5/8 (262140 KB)       OKAY [  6.375s]
Writing 'product_b'                              OKAY [  1.612s]
Sending sparse 'product_b' 6/8 (262140 KB)       OKAY [  6.385s]
Writing 'product_b'                              OKAY [  1.625s]
Sending sparse 'product_b' 7/8 (262140 KB)       OKAY [  6.404s]
Writing 'product_b'                              OKAY [  1.586s]
Sending sparse 'product_b' 8/8 (81204 KB)        OKAY [  2.447s]
Writing 'product_b'                              OKAY [  0.579s]
```

```
extracting system.img (784 MB) to disk... took 4.331s
archive does not contain 'system.sig'
Resizing 'system_b'                          OKAY [  0.006s]
Sending sparse 'system_b' 1/4 (262140 KB)    OKAY [  6.089s]
Writing 'system_b'                           OKAY [  2.647s]
Sending sparse 'system_b' 2/4 (262140 KB)    OKAY [  6.203s]
Writing 'system_b'                           OKAY [  1.607s]
Sending sparse 'system_b' 3/4 (262140 KB)    OKAY [  6.149s]
Writing 'system_b'                           OKAY [  1.631s]
Sending sparse 'system_b' 4/4 (16400 KB)     OKAY [  0.806s]
Writing 'system_b'                           OKAY [  0.171s]
extracting system_ext.img (183 MB) to disk... took 0.944s
archive does not contain 'system_ext.sig'
Resizing 'system_ext_b'                       OKAY [  0.005s]
Sending 'system_ext_b' (187564 KB)            OKAY [  4.167s]
Writing 'system_ext_b'                        OKAY [  2.209s]
extracting system_other.img (68 MB) to disk... took 0.385s
archive does not contain 'system.sig'
Sending 'system_a' (69880 KB)                 OKAY [  1.558s]
Writing 'system_a'                            OKAY [  0.420s]
extracting vendor.img (408 MB) to disk... took 2.065s
archive does not contain 'vendor.sig'
Resizing 'vendor_b'                           OKAY [  0.005s]
Sending sparse 'vendor_b' 1/2 (262140 KB)     OKAY [  5.997s]
Writing 'vendor_b'                            OKAY [  2.631s]
Sending sparse 'vendor_b' 2/2 (156584 KB)     OKAY [  3.825s]
Writing 'vendor_b'                            OKAY [  1.022s]
archive does not contain 'vendor_dlkm.img'
archive does not contain 'vendor_other.img'
Finished. Total time: 162.157s
```

＊

最後です。

スマホでパッチした「boot.img」を書き込みます。

```
$ fastboot flash boot <以下パッチしたimgファイル>

 magisk_patched.img
```

実行例は以下です。

```
$ fastboot flash boot ./magisk_patched.img
Sending 'boot_b' (65536 KB)                    OKAY [  1.454s]
Writing 'boot_b'                               OKAY [  0.392s]
Finished. Total time: 1.855s
```

■スマホをリブートする

　スマホの画面が、「fastbootd」になっているので、「Reboot system now」が選択された状態で電源ボタンを押します。

　40秒くらいリブートして、OSが起動しました。

＊

　「Magiskアプリ」が以下のようになっていれば、「root化」は成功しています。

図1-2-4　こうなっていれば成功

　「Termux」からrootパッケージを入れて「su」すると許可画面が出るので、OKしておけば、以下のように「スーパーユーザー」の画面が出てきます。

　逆に、アプリから隠したい場合は、「MagiskHide」からアプリを選択しておきます。

> ※OSの自動アップデートはOffにしておいてください。
> 　開発者オプションから選択できます。

第2章

"スクショ"禁止のアプリで画像を保存 ― 「Xposed」導入

Androidでroot化後に入れる定番アプリの1つが「Xposed」です。
このアプリを使えば、スマートフォンの機能を自分好みに
カスタマイズできます。

筆者	@tomo_hack
サイト名	「あっとはっく」
URL	https://sp7pc.com/profile

2-1　Androidに「Xposed」を導入する方法

本節では、「Xposed」の基本と導入方法を紹介します。

■「Xposed」の特徴とリスク

「Xposed」を使えば、「Android標準フレームワーク」を改造した「カスタム・フレームワーク」を導入して、通常では不可能な機能を実現できます。

平たく言えば、「簡単にAndroidのシステム改造ができるツール」のことで、難しい知識がなくても、通常のアプリ導入と同じ感覚で高度な機能をインストールできます。

図2-1-1　YouTube公式アプリでバックグラウンド再生できるモジュールもある

大きく次の2種類の要素で構成され、どちらも「apk形式」での提供です。

・フレームワーク：全体の枠組み
・モジュール：個別の機能

最初に「フレームワーク」さえ用意すれば、後は個別に「モジュール」を導入することで好きな機能をカスタマイズできます。

> ※「フレームワーク」は、アプリを構成する枠組みのこと。
> たとえば、「ステータスバー」や「通知領域」などが該当する。

*

まずは実際に使ってみると理解しやすいので、後述する導入方法を参考にしてください。

● Androidに「Xposed」をインストールするデメリット

今回紹介する「Xposed」は、Androidの「root化」が前提となる機能です。

Androidを「root化」すれば一歩踏み込んだ改造が可能となりますが、次のような欠点も生まれます。

・メーカー保証の対象外となる
・強制的に初期化される
・OTAアップデートが不可能となる
・一部アプリが使えなくなる

また、「Xposed」をインストールした後、予期せぬエラーが発生し、最悪の場合Androidが動かなくなる恐れもあります。

くれぐれも自己責任でお試し下さい。

■ Androidに「Xposed」を導入する方法

以下が、Androidに「Xposed」を導入する流れです。

導入の流れ

①「Xposed Installer」を準備する
②フレームワークをインストールする
③目的のモジュールを探す
④モジュールを有効化する

初期設定で①と②まで完了すれば、以降は③と④を繰り返すことで好きな「モジュール」(機能)をインストールできます。

　それぞれ順番に解説します。

●「Xposed Installer」を準備して、フレームワークをインストールする(①～②)

[手順]　「Xposed」導入の流れ

[1] 「Xposed Installer」を準備する。

　「Xposed Installer」のapkファイルを、「XDAサイト」からダウンロードし、インストールします。

　提供元不明アプリとなるため、個別に許可が必要です。

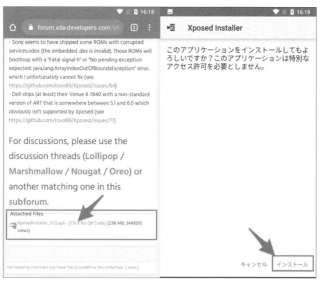

図2-1-2　「Xposed Installer」をインストール

[2] フレームワークをインストールする。

　ここまでの手順では「Xposed」のインストーラーを準備しただけで、フレームワーク自体はAndroidに導入されていません。

　「Xposed Installer」を起動して、 インストール／更新 → Install からフレームワークのインストールを実行します。

図2-1-3 「Xposed」のフレームワークをインストール

「スーパーユーザー・リクエスト」が表示された場合、許可 してください。

すると、自動的にフレームワークのインストールが始まり、最後に 再起動 を実行します。

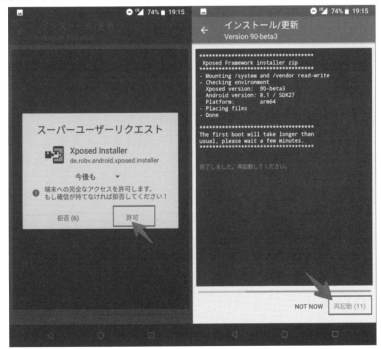

図2-1-4 「スーパーユーザー・リクエスト」を許可し、最後に再起動

この後、再起動が完了するまで通常より時間がかかります。
気長に待ちましょう。

> ※筆者の場合、再起動が終わるまで「文鎮化」したかと思うほど時間がかかりました。
> 　万が一、いつまで待っても再起動が終わらない「ブート・ループ」に陥った場合、「ファクトリー・イメージ」の読み込みによる復旧が必要かもしれません（強制的に初期化されます）。

[3]「Xposed Installer」を開く

　再起動が終わってから「Xposed Installer」を開くと、フレームワークが有効になっていることを確認できます。

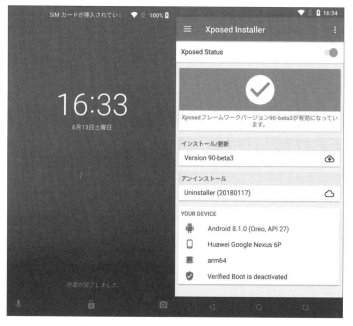

図2-1-5　フレームワークが有効になっている

　以前はフレームワーク本体を導入する場合、「カスタムリカバリ」（TWRP）の起動が必要でしたが、現在では「Xposed Installer」上で作業を完結できるため、ハードルが下がりました。

●目的のモジュールを探す（③）

フレームワークは用意できたので、いよいよモジュールを導入していきます。

目的のモジュールを見つける手段は3通りあります。

a.「Xposed Installer」上で探す
b. モジュール配布サイトで探す
c. 日本語のモジュール紹介サイトで探す

それぞれ簡単に解説します。

(a)「Xposed Installer」上で探す

「Xposed Installer」上で、新しいモジュールの検索、導入が可能です。

メニューからダウンロードを開くと、大量のモジュールが表示されます。

図2-1-6　ダウンロードを開く（左）と、大量のモジュールが表示（右）

検索欄に目的のモジュールに関連するキーワードを入力すれば、絞り込みができて便利です。

(b)モジュール配布サイトで探す

モジュールは、「Xposedモジュールレポジトリ」や「XDA」というサイト上でも配布されています。

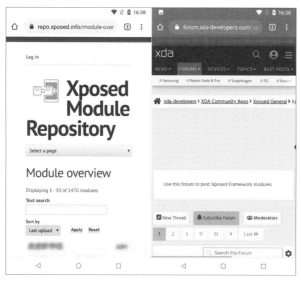

図2-1-7　Xposedモジュールレポジトリ(左)、XDA(右)

非常に多くのモジュールを無料で入手できますが、すべて英語表記であるため目的のモジュールを見つけるハードルは高めです。

(c)日本語のモジュール紹介サイトで探す

目的のモジュールに関連するキーワード(例:バックグラウンド再生 / ステータスバー) でGoogle検索すれば、日本語でモジュールを紹介しているサイトが見つかります。

たいていは先述した「Xposedモジュールレポジトリ」または「XDA」のapkリンクが掲載されているので、目的のモジュールを探しやすくオススメです。

●モジュールを有効化する(④)

モジュールのapkをダウンロードし、インストールしてください。

続けて、モジュールを「有効化」します。
モジュールは「有効化」しない限り機能しません。

図2-1-8　YouTube関連のモジュールをインストールする例(左)、インストール直後に通知が表示される(右)

「Xposed Installer」のメニューよりモジュールを開き、インストールしたモジュールにチェックを入れます。

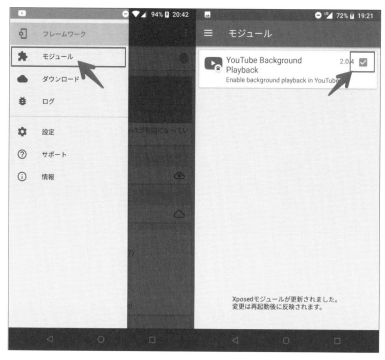

図2-1-9　モジュールにチェックを入れると「有効化」される

その後、Androidを再起動するとモジュールの機能が有効となります。

2-2 「Xposed」の使い方に関するアレコレ

「Xposed」を使う上で、知ってると便利な情報を補足します。

■オススメの「Xposedモジュール」

筆者のサイトで取り上げたことのある、「Xposedモジュール」を紹介します。

名　称	機　能
YouTube background playback	YouTube公式アプリでバックグラウンド再生できる
DisableFlagSecure	スクショ禁止のアプリで画像を保存できる
Hide Emergency Button on lock screen	標準のロック画面から緊急通報を消せる
Xposed edge	指定したジェスチャーに好きな機能を割り当てられる

それぞれ簡単に解説します。

●YouTube公式アプリでバックグラウンド再生できるモジュール

Xposedモジュール「YouTube background playback」を使えば、YouTube公式アプリで"完全な"バックグラウンド再生を実現可能です。

このモジュール導入後にYouTubeを再生すると、ロック画面や任意のアプリ上でも止まらずに、BGMが流れ続けます。

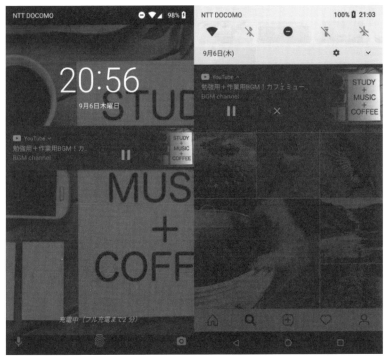

図2-2-1　左がロック画面、右がInstagram上でバックグラウンド動作し続ける例

●スクショ禁止のアプリで画像を保存できるモジュール

Xposedモジュール「DisableFlagSecure」を使えば、スクリーンショットが禁止されるアプリであっても、無理矢理撮影できるようになります。

図2-2-2　たとえば「Tver」でスクリーンショットを撮影できる

●標準のロック画面から緊急通報を消せるモジュール

Xposedモジュール「Hide Emergency Button on lock screen」を使えば、標準ロック画面で「緊急通報」を消せます。

図2-2-3　モジュール導入後に「緊急通報」が消えている(右)

●指定したジェスチャーに好きな機能を割り当て可能なモジュール

Xposedモジュール「**Xposed edge**」を使えば、指定したジェスチャーで好きな機能を呼び出すことが可能です。

たとえば「音量キーを押してページの一番上まで戻る/一番下まで進む」など、多様なパターンを登録できます。

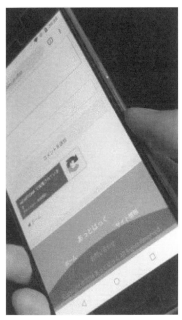

図2-2-4　Chromeの例
音量アップキーをダブルタップでページ一番上へ(左)、音量ダウンキーをダブルタップで一番下へ移動する(右)。

■Xposedのモジュールを無効にする方法

Androidの環境(機種・バージョン)によっては、動作しないモジュールも存在するため、注意が必要です。

たとえば筆者の場合、YouTubeの広告をスキップできるモジュールとして有名な「**YouTube AdAway**」をインストールしたところ、YouTube公式アプリが止まるようになりました。

図2-2-5　「YouTubeが繰り返し停止しています」と表示が出る(右)

このような場合、まずは犯人だと思われるモジュールを無効化してみましょう。

＊

「Xposed Installer」のメニューより モジュール を開き、無効化したいモジュールのチェックを外します。

図2-2-6　Xposedのモジュールを無効にする

その後、Androidを再起動するとモジュールの機能が無効となります。

■Xposedのモジュールをアンインストールする方法

次のような場合、モジュールを「削除」(アンインストール)しましょう。

・もう使っていないモジュールである場合
・モジュールを無効化しても不具合が解消されない場合

「Xposed Installer」のメニューより モジュール を開き、削除したいモジュールを長押しして アンインストール をタップして実行します。

図2-2-7　Xposedのモジュールをアンインストールする

■Xposed全体をアンインストールする方法

　AndroidからXposedを削除して最初の状態に戻す流れは、Xposed導入時と逆です。

①モジュールをアンインストールする
②フレームワークをアンインストールする
③Xposed Installerをアンインストールする

[手順] Xposedをアンインストールする
[1] まずはモジュールをアンインストールしましょう。

図2-2-8　「Xposed Installer」のメニューよりモジュールを開き、
削除したいモジュールを長押しで実行できる

[2] 続いてフレームワークをアンインストールします。
　「Xposed Installer」を起動して、 アンインストール からフレームワークの削除を実行。

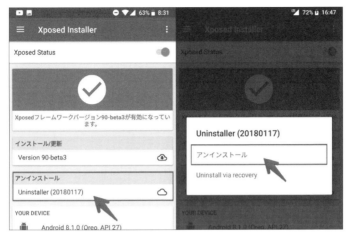

図2-2-9　フレームワークをアンインストール

[3]「スーパーユーザー・リクエスト」が表示された場合、 許可 を選択してください。

　自動的にフレームワークのアンインストールが始まり、最後に 再起動 を実行します。

図2-2-10　「スーパーユーザー・リクエスト」を許可して、最後に再起動

[4] 再起動後に「Xposed Installer」を開き、フレームワークがインストールされていない状態に戻っていればOK。

図2-2-11　アンインストールされていることを確認

[5] 最後に「Xposed Installer」自体を削除します。

通常のアプリ削除時と同じ流れでアンインストールできます。

図2-2-12　「Xposed Installer」をアンインストール

　以上でXposedの削除は完了です。

*

　モジュールやフレームワークを削除せず、いきなり「Xposed Installer」自体
をアンインストールした場合もXposedの機能は無効化されます。

　ただしその場合、Android内部にモジュールやフレームワークのシステムが
残った状態となり、予期せぬ不具合の原因になりかねないため、紹介した流れ
でアンインストールを実行してください。

キャリア以外のSIMカードを入れる
─「SIMロック解除」

> 他キャリアのSIMカードを端末が認識できないようにする「SIMロック」は、しっかりと手順を踏めばユーザー自身で解除することができます。
> この章では「SIMロック解除」とは何か、その方法と条件について解説します。

筆者	モバイルアウト管理人
サイト名	「モバイルアウト」
URL	https://clankey-exe.com/

3-1 「SIMロック解除」とは

この節では、初心者でも分かるような構成で「SIMロック解除」を解説します。

■「SIMロック解除」とは？

まず、ドコモ端末にはドコモのSIMカード、au端末にはauのSIMカードといったように、端末とSIMカードのキャリア回線が一致していないと、スマホは基本的に動作しません。

なぜなら、各キャリアの端末には「他のキャリアのSIMカードを入れても認識しないようにしてやるぞ！」といった感じで「制限」（SIMロック）がかけられていますからね。

なので、「ドコモ」の端末に「au」や「ソフトバンク」のSIMをセットしても、当然認証されないわけです。

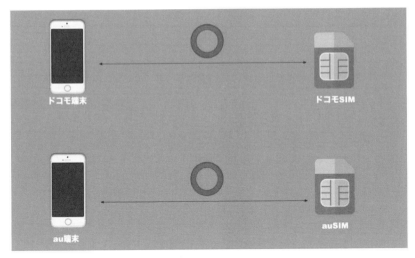

図3-1-1 「端末」と「SIMカード」のキャリアが一致しないと動かない

しかし、この「制限」(ロック)さえ解除すれば、他のキャリアはもちろん、複数の「格安SIM」で利用できるようになります。

つまり、「SIMロック解除」とは、端末にかかっているロックを解除し、どのSIMを入れても認識できるような状態にする手続きのことを言います。

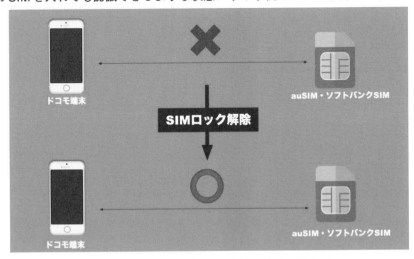

図3-1-2 「SIMロック解除」でどのSIMカードでも使えるように

第3章 キャリア以外のSIMカードを入れる―「SIMロック解除」

「SIMフリー」についても理解しておこう！

> 「SIMフリー」とは、どのキャリアの「SIMカード」を入れても使える状態のことを指します。
>
> つまり、キャリアの端末を「SIMロック解除」すれば、その端末はどこの「SIMカード」でも入れることができる、「SIMフリー・スマホ」（端末）になるわけです。
>
> ちなみに、アップルストアで販売されている「iPhone」やアマゾンで販売されているスマホのように、はじめからロックがかかってない「SIMフリー」の端末もあります。
>
> あとからキャリア変更をすることも考えて、はじめから「SIMフリー・スマホ」を購入する方も多いですね。

■「SIMロック解除」をするメリット

●「格安SIM」（MVNO）が利用しやすくなる

「SIMロック解除」をする方は、**今の端末をそのまま「格安SIM」で使いたい**と考えているケースがほとんどだと思います。

この節を読んでいるあなたも、今まさに「格安SIM」に乗り換えようとしているのではないでしょうか。

端末をそのまま使えば、支払うのは毎月の通信料だけなのでコストもかかりません。

●海外で現地のSIMが使えるようになる

海外に旅行や出張で出掛ける際に、現地のSIMを端末に入れて使うことができます。

一応「au」「ドコモ」「ソフトバンク」であれば、「海外ローミング」をすることで現地でもそのままスマホを使うことができますが、通信料がとんでもないことになります。

それに対して、現地の「SIMカード」を入れて使えば、「海外ローミング」するよりも断然安くなるので、「SIMフリー・スマホ」と「現地のSIM」を組み合わせてスマホを使う方は多いです。

■「SIMロック解除」をする前に知っておきたいデメリットや注意点

●自分の端末が乗り換え先に対応しているかチェック

まず、「SIMロック解除」をする前に、乗り換え先で自分の端末が使えるのかをチェックしておく必要があります。

「SIMロック解除」に成功しても、乗り換え先に対応していなかったら時間のムダになってしまいます。

自分の端末が対応しているかどうかは、乗り換え先の公式サイトの「動作確認ページ」を見れば分かります。

たとえば、「UQモバイル」に乗り換えたいなら、「UQモバイル　動作確認」みたいな感じでググったら一番上に出てきます。

●乗り換え先(格安SIM)によっては「SIMロック解除」が不要なケースもある

乗り換え先(格安SIM)によっては、「SIMロック解除」なしで、そのまま自分の端末が使えるケースもあります。

というのも、「格安SIM」は大手キャリア(「au」「ドコモ」「ソフトバンク」)のいずれかの回線を借りてサービスを行なっているため、回線そのものは大手キャリアと同じなのです。

「使っている回線」が変わらないのであれば、「SIMカード」が変わってもセットするだけで認証してくれます。

たとえば、「UQモバイル」はau回線を使っている「格安SIM」なので、SIMカードの回線はauです。

同じauのSIMカードなら、au端末にセットしても問題なく使えます。

図3-1-3　「SIMロック解除」が不要なケース

「SIMロック解除」が不要な例

・au端末を「UQモバイル」で使う場合

・ドコモ端末を「mineo」で使う場合

・ソフトバンク端末を「LINEモバイル」で使う場合

　などなど…

　「SIMロック解除」が必要かどうかについても、乗り換え先の公式サイトの「動作確認ページ」でチェックできます。

■「SIMロック解除」にはキャリア毎に条件がある

　実は、端末の「SIMロック解除」をするには、「キャリアごと」に設定されている条件をクリアしなければなりません。

　とはいえ、簡単な条件ばかりなので、心配する必要はありません。

　詳しい条件の内容については、後述の項目の「SIMロック解除」の条件と手順で解説しているので、そちらをご覧ください。

●「店頭」や「電話」から申し込むと手数料3,240円がかかる

「SIMロック解除」を申し込む方法には、以下の3パターンがあります。

・ネット
・電話
・店頭

　このうち、ネット以外の方法は、3,240円の手数料がかかってしまいます。

　「自分でやるのは不安だし、店頭か電話でお店の人に丸投げしたい」と考えているのであれば、手数料覚悟で進めてもいいでしょう。

　ただ、ネットでの手続きも簡単ですし、後ほど手順も紹介するので、そんなに抵抗がないなら、ネット手続きにチャレンジしてみてください。

■SIMロック解除のQ&A

Q：「SIMロック解除」はどのタイミングで行なえばいいですか？
A：基本的にいつでも大丈夫ですが、条件もあるので「格安SI」を申し込む前にやっておいたほうが無難です。

Q：「SIMロック解除アダプタ」を買えば簡単に「SIMロック解除」できるって聞いたんですけど、本当ですか？
A：はい。
　ですが、機種によって相性が悪い場合や偽物をつかまされてしまうリスクもあります。
　安全に行ないたいのであれば、公式サイトを通しての手続きがお勧めです。

Q：中古の白ロムを買って「SIMロック解除」するっていう方法もアリですか？
A：基本的に契約者本人の端末でないと「SIMロック解除」することができません。
　「SIMロック解除アダプタ」を使えば解決しますが、リスクがあることは理解しておきましょう。

3-2　「SIMロック解除」の条件と手順について

「キャリアの公式サイトにSIMロック解除について書いてあるけど、イマイチやり方が分からない……」

この節ではこういった悩みにお答えします。

■はじめに「IMEI」をメモしておこう

「SIMロック解除」をするためには、「IMEI」と呼ばれる15桁のナンバーが必要です。

自分のスマホだけに指定されているナンバーで、どのスマホにも必ず登録されているのでチェックしておきましょう。

●iPhoneで「IMEI」をチェックする

設定 > 一般 > 情報 と進めていけば、図のように「IMEI」と書かれた項目があるので、メモをするかコピーしておきましょう。

EID	
SIMロック	SIMロックなし
主回線	
ネットワーク	NTT DOCOMO
キャリア	ドコモ 45.0
IMEI	35 6685511 4
ICCID	
MEID	

図3-2-1　「IMEI」の表示(iPhone)

●Androidで「IMEI」をチェックする

「Android」の場合は、電話アプリを起動していつも電話をかける方法と同じ手順で「*#06#」と入力すれば「IMEI」が表示されます。

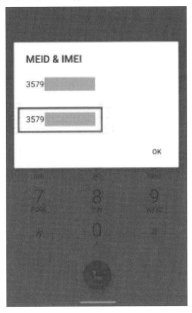

図3-2-3 「IMEI」の表示(Android)

■au端末を「SIMロック解除」しよう

au端末を「SIMロック解除」するための条件は、以下のとおりです。

・2015年5月以降に発売されたSIMロック解除対象スマホであること
・自分で買ったスマホであること
・購入から101日以上経っていること(一括なら即日OK)
・ネットワーク利用制限にかかってないこと

「SIMロック解除」の方法は2パターンあります。

・ネット：無料
・店頭：3,300円

自分で手続きするのが面倒臭い、不安であれば、店頭で申し込むようにしましょう。

*

以下では、ネットでの手続きの方法を紹介しています。

[手順]　au端末の「SIMロック解除」

[1]「SIMロック解除ページ」にアクセス

　auの「SIMロック解除ページ」にアクセスします。

図3-2-4　SIMロック解除ページ

SIMロック解除のお手続き

https://www.au.com/support/service/mobile/procedure/simcard/unlock/

[2] SIMロック解除のお手続きをタップ

　下へスクロールして、SIMロック解除のお手続き をタップします。

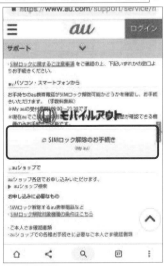

図3-2-5　該当するボタンをタップ

[3]「My au」にログイン

　ログイン画面に移動するので、ログイン をタップし、au IDとパスワードを
入力してログインします。

図3-2-6　ログインする

[4] 4 ケタの暗証番号を入力

図3-2-7　暗証番号を入力

[5] 機種名、「SIM ロック解除」の可否を確認

　「Step1」では自分の機種が間違っていないか、「SIM ロック解除」が可能かをチェックします。

図 3-2-8　Step1

問題なければ次へ進みましょう。

[6]「SIMロック解除」の理由を選び、[申し込む]をタップ
　「Step2」で、機種が間違ってないかもう一度確認し、「SIMロック解除の理由」
をプルダウンから選びましょう。

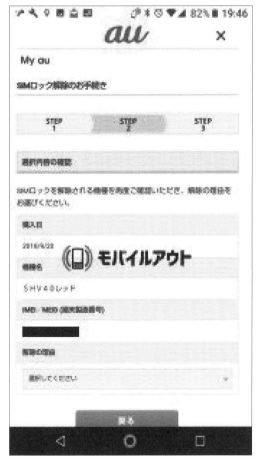

図3-2-9　Step2

最後に[申し込む]をタップします。

第**3**章 キャリア以外の **SIM** カードを入れる—「**SIM** ロック解除」

[7] 受付完了

図3-2-10　完了

これで「SIMロック解除」の受付は完了です。

[8] Androidの場合は「PINコード」が表示されるのでメモ

　iPhoneの場合は、SIMをセットしたあとに電源をONにし、「アクティベート」（Apple ID、パスワードの入力）すれば、「SIMロック解除」完了です。

図3-2-11　iPhoneの場合

　　Androidの場合は、以下の手順で進めていけば「SIMロック解除」が完了します。

図3-2-12　Androidの場合

[手順]　Android端末の「SIMロック解除」

[1] スマホに「格安SIM」もしくはauのSIMカードをセット

[2] スマホの電源をONにしてWi-Fiに接続

[3] 設定→端末情報→SIMカードの状態→SIMカードの状態を更新

[4] 「設定ファイル」をダウンロードしてスマホを再起動

■ドコモ端末を「SIMロック解除」しよう

　ドコモ端末を「SIMロック解除」するための条件は以下のとおりです。
- 「SIMロック解除」対象機種であること(※1)
- 購入日から100日経過していること(※2)
- 解約済みの場合、解約から100日以内であること
- 契約者本人であること
- おまかせロックやネットワーク利用制限などの制限がかかっていないこと

（※1）ドコモ端末の場合、（A）2015年5月以前に発売された機種と、（B）それ以降に発売された機種では手続きの方法が異なるので注意しましょう。

（※2）過去（100日以上前）にドコモで「SIMロック解除」を行なっている場合や、一括払い、または分割払いでその端末代を精算し終わった場合は、購入日から100日経過していなくても「SIMロック解除」することができます。

　ドコモ端末の「SIMロック解除」は3パターンの方法から選べます。
・ネット：無料
・電話：「151」
・店頭：3,300円

　2015年5月以前の機種の場合は、「店頭」での申し込みのみ有効です。
対して、2015年5月以降の機種なら、どの方法でも有効です。

　ネットで申し込む場合は以下の手順を参考にしてみてください。
［手順］　ドコモ端末の「SIMロック解除」
[1]「My docomo」にアクセスし、ドコモオンライン手続きへ
　インターネットから「My docomo」にアクセスしましょう。

　アクセス後、メニュー欄の ドコモオンライン手続き を選択します。

図3-2-13　ドコモオンライン手続きをタップ

[2]項目から「SIMロック解除」を選択
　「サービス一覧」が表示されるので、下へスクロールしていき、「その他」の項目の「SIMロック解除」を選択します。

図3-2-14 「SIMロック解除」を選択

[3]「My docomo」にログイン

　「My docomo」にログインするよう指示されるので、「アカウントID」と「パスワード」を入力してログインします。

図3-2-15 「My docomo」にログイン

[4]「IMEI」を入力する

図3-2-16 「IMEI」の入力

[5] 注意事項に同意する

　注意事項をよく確認の上、同意するにチェックをつけます。

図3-2-17　同意するをチェック

[6] メールアドレスの入力

　その後、受付確認メールを受け取るためのメールアドレスを入力し、次へ進みましょう。

図3-2-18　メールアドレスを入力して進む

[7] 手続き内容を確認する

　手続き内容の確認画面が表示されますので、内容に間違いがなければ手続きを完了するをタップしましょう。

図3-2-19　手続き内容を確認

[8] 手続き完了後、確認メールが届く

手続きが完了すると図の画面が表示され、数分後に受付確認メールが届きます。

図3-2-20　手続き完了後

[9] Androidの場合は「PINコード」が表示されるのでメモ

iPhoneの場合は、SIMをセットしたあとに電源をONにし、アクティベート(Apple ID、パスワードの入力)すれば、「SIMロック解除完了」です。

Android端末の場合は、以下の手順で進めていけば「SIMロック解除」が完了します。

[手順]　Android端末の「SIMロック解除」

[1] スマホに格安SIMもしくはauのSIMカードをセット

[2] 電源を入れ、Wi-Fiに接続

[3] 「SIMロックの解除コード」画面が表示されたら「PINコード」を入力

[4] ロック解除をタップ

[5] 設定ファイルをダウンロードしてスマホを再起動

　もし手順通りにいかなかった場合は、設定 → 端末情報 → SIMカードの状態 → SIMカードの状態を更新、と進めればオッケーです。

■ソフトバンク端末を「SIMロック解除」しよう

　ソフトバンク端末を「SIMロック解除」するための条件は以下のとおりです。

- スマホ購入日から101日経過していること（一括なら即日OK）
- 2015年5月以降に発売された「SIMロック解除」対象機種であること[※1]
- 契約者本人の購入履歴があること
- 安心遠隔ロックやネットワーク利用制限などのロックがかかっていないこと
- スマホが故障していないこと

（※1）ソフトバンク端末は2015年5月以前に発売された機種と、以降に発売された機種では手続きの方法が異なるので注意しましょう。

　ソフトバンク端末は、2パターンの方法から選べます。

- ネット：無料
- 店頭：3,300円

　2015年5月以前に機種の場合は、店頭申し込みのみ有効となっています。
対して、2015年5月以降の機種ならどの方法でも有効です。
ネットで申し込む場合は以下の手順を参考にしてみてください。

[3-2]「SIMロック解除」の条件と手順について

[手順]　ソフトバンク端末の「SIMロック解除」

[1]「My SoftBank」にアクセス

[2] メニューから 契約・オプション管理 をタップ

[3] スクロールして SIMロック解除の手続き をタップ

[4] 先ほどの「IMEI」を入力

[5] 解除手続きをする をタップ

[6] 受付完了

[7] Androidの場合は「PINコード」が表示されるのでメモ
　iPhoneの場合は、SIMをセットしたあとに電源をONにし、アクティベート(Apple ID、パスワードの入力)すれば、「SIMロック解除」完了です。

　Android端末の場合は、以下の手順で進めていけば「SIMロック解除」が完了します。

[1] スマホに格安SIMもしくはauのSIMカードをセット

[2] 電源を入れ、Wi-Fiに接続

[3]「SIMロックの解除コード」画面が表示されたら「PINコード」を入力

[4] ロック解除 をタップ

[5] 設定ファイルをダウンロードしてスマホを再起動

　もし手順通りにいかなかった場合は、設定 → 端末情報 → SIMカードの状態 → SIMカードの状態を更新、進めればオッケーです。

■「SIMロック解除」のポイント

「SIMロック解除」とは	端末にかかっているロックを解除する手続き
「SIMロック解除」のメリット	いろいろな「格安SIM」に持ち込める
「SIMロック解除」のデメリット	ネット以外の申し込みは手数料3,300円がかかる

　キャリアごとに「SIMロック解除」の条件や手順が変わってくるので、よくチェックしながら進めてください。

　「SIMロック解除」自体はとても簡単で、5分もあれば完了する手続きです。
　よほど抵抗があるのでなければ、手数料のかからない「ネット申し込み」をお勧めします。

第4章

SDカードにアプリを入れる
─内部ストレージ化

本章では、「SDカード」を本体の内部ストレージとして利用する手順を中心に、注意点やよくあるトラブルについて解説します。

筆者	@tomo_hack
サイト名	あっとはっく
URL	https://sp7pc.com/profile

4-1　Androidで「SDカード」を「内部ストレージ化」する

Androidで「内部ストレージ」の容量不足に悩んでいるなら、「SDカード」が有効な解決策です。

ただ純粋な内部ストレージではなく外部ストレージとして認識されるため、下記のような弱点があります。

・内部ストレージから「SDカード」へ都度のデータ移行が面倒
・「SDカード」へアプリデータは保存できない

しかし、「Android 6.0」から実装された機能、「Adoptable Storage」を使えば、「SDカード」を本体の「内部ストレージ」として利用(=「SDカード」の「内部ストレージ化」)できるため、この問題を解決できます。

スマートフォンの容量不足にお悩みであれば、ぜひどうぞ。

※「内部ストレージ化」で「SDカード」のデータは初期化されます。
　大切なデータが入っている場合、必ずバックアップを忘れずに。

■「SDカード」を「内部ストレージ化」するメリットとデメリット

「SDカード」を「内部ストレージ化」するメリットとデメリットは次のとおりです。

メリット	デメリット
「SDカード」へのデータ移行が不要になる	最初に「SDカード」が初期化される
「SDカード」にアプリデータを保存できる	別端末で「SDカード」を見れなくなる

　メリットは一言で言うと「容量不足の解消」です。

　一方、デメリットも多く、最大のリスクは「SDカードのバックアップ機能が失われる」という点です。

　それぞれ簡単に解説します。

[メリット]内部ストレージの容量不足が解消される

　OSレベルで純粋に「SDカード」を内部ストレージとして認識できるため、下記のような容量不足解消を実現できます。

・「SDカード」へのデータ移行が不要になる
・「SDカード」にアプリデータを保存できる

図4-1-1　たとえば、ゲームアプリの保存先を「SDカード」へ変更できる

　新規アプリをインストールする際も、自動で保存先を「SDカード」に変えて
くれます。

[デメリット] 「SDカード」のバックアップ機能が失われる

　リスクはいろいろあり、最大のデメリットは、下記の2点です。

・最初に「SDカード」が初期化される
・「内部ストレージ化」した「SDカード」は別デバイスで見れない

　まず、「SDカード」を「内部ストレージ化」する過程で、強制的にフォーマッ
トされるため、「SDカード」内のデータが初期化されます。

　大切なデータが入っているなら、必ず事前のバックアップを忘れずに実施し
てください。

　たとえば、「SDカード」に写真がたくさん保存されている場合、「Googleフォ
ト」ならクラウド上にバックアップできます。

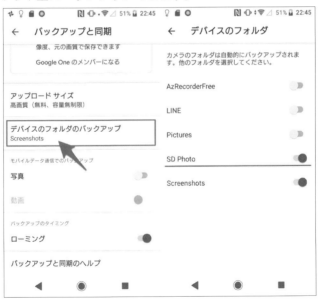

図4-1-2　「Googleフォトの設定」→バックアップと同期→デバイスのフォルダのバックアップより、
「SDカード」内のフォルダを選べばバックアップできる

　また、あるデバイスで「SDカード」を「内部ストレージ化」すると、そのデバイス以外（例：別のスマートフォン/パソコン）では、「SDカード」の中身を確認できなくなります。

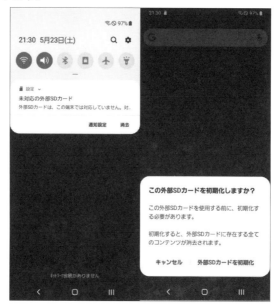

図4-1-3　別のAndroidに挿した例。使用するには初期化が必要となる

　そもそもAndroidで「SDカード」を活用するメリットは、大きく3点あります。
①内部ストレージの容量不足を解消できる
②端末以外の場所でファイルをバックアップできる
③「SDカード」を経由して別の端末にファイルを共有できる

　①は「内部ストレージ化」で強化されますが、②の「バックアップ機能」と③の「共有機能」が失われることになります。

　たとえば「内部ストレージ化」を実行したデバイスが故障した場合、そのデバイス以外では「SDカード」を読み取れないため、データを復活できなくなります。

　「内部ストレージ化」は魅力的な機能ですが、このようなリスクも理解した上で使いましょう。

■「SDカード」を「内部ストレージ化」する前提条件

今回紹介する"「SDカード」の「内部ストレージ化」"は機種依存の機能であり、通常は**一部の**Androidでしか設定できません。

しかし、パソコンで「adbコマンド」を操作できれば、無理矢理この機能を開放して、基本的に**全機種で**「SDカード」を「内部ストレージ化」できます。

本パートでは、事前の準備事項を解説します。

①「Android 6.0」以上であること
②パソコンで「adbコマンド」を使えること
③「SDカード」と「USBケーブル」をもっていること
④Androidで「USBデバッグ」を有効にすること

[条件①]「Android 6.0以上」であること

「SDカード」を「内部ストレージ化」する機能、「**Adoptable Storage**」は、「Android 6.0」から導入されました。

お使いの「Android OS」のバージョンを事前に確認してください。

図4-1-4 設定の「端末情報」より確認できる

[条件②]パソコンで「adb コマンド」を使えること

　お使いのパソコンで「adb コマンド」を使える環境を用意してください。

[条件③]「SD カード」と「USB ケーブル」をもっていること

　まだ「SD カード」をもっていなければ、ご準備ください。
　また「パソコン」と「Android」を接続する「ケーブル」も必要です。

　Android の「USB端子」の形状 (micro USB / Type C) に合わせて用意しましょう。

[条件④] Android で「USB デバッグ」を有効にすること

　Android の設定で**ビルド番号**を連続タップして**開発者向けオプション**を有効にした後、**USBデバッグ**を有効にしてください。

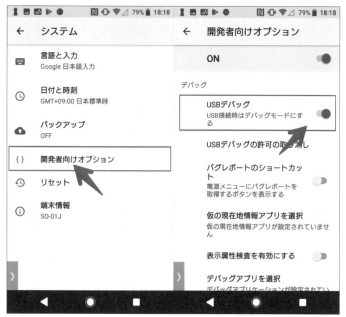

図4-1-5　Androidの「USBデバッグ」を有効にする手順

　「adb コマンド」を使う事前準備は以上です。

■「SDカード」を「内部ストレージ化」してアプリを移動する

　このパートでは、「SDカード」の「内部ストレージ化」における基本的な手順として、次の2点を解説します。

・「SDカード」を「内部ストレージ」としてフォーマットする手順
・「SDカード」にアプリを移動する手順

　繰り返しになりますが、「内部ストレージ化」で「SDカード」のデータは初期化されます。

　大切なデータが入っている場合、必ずバックアップを忘れずに。

　また、今節では、「Xperia XZ」(Android 8.0.0) と「Windows 10」を使って説明しています。

①「SDカード」を「内部ストレージ」としてフォーマットする

　AndroidとUSBケーブルで接続したパソコン側で、「adbコマンド」を入力していきます。

　WindowsとMacで入力するコマンドに差異はありません。

[手順]　「SDカード」を「内部ストレージ」としてフォーマット

[1] まず、下記コマンドを実行。

```
adb shell
```

図4-1-6　「adb shell」を実行

[2]続いて、下記コマンドを実行。

```
sm list-disks
```

図4-1-7　「sm list-disks」を実行

すると「disk:179,64」のように数字が表示されます。

　この数字部分は挿入した「SDカード」を指しており、種類によっては異なる場合もあるので各々確認してください。

[3]続いて、下記コマンドを入力。
　数字の部分（[2]で表示された数字）は人によって異なります。

```
sm partition disk:179,64 private
```

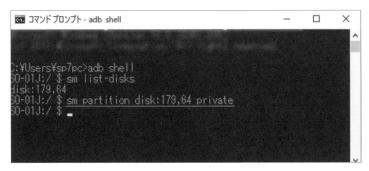

図4-1-8　コマンドを入力

　環境によっては、このタイミングでAndroidが自動で再起動するケースがあります。

以上で操作は完了。

*

Android側で「設定」の ストレージ を開き、挿入した「SDカード」が「内部スト
レージ」として認識されていれば成功です。

図4-1-9　作業前は「外部ストレージ」だった「SDカード」(左)が、
作業後は「内部ストレージ」の一部として認識される(右)

②「SDカード」にアプリを移動する

「設定」から「SDカード」に移したいアプリの アプリ情報 を開き、ストレー
ジ から使われているストレージの 変更 へ進みます。

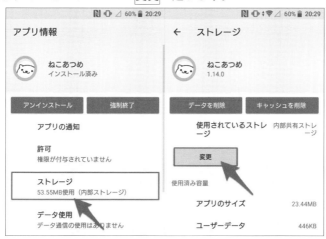

図4-1-10　ゲーム「ねこあつめ」を例に説明する。

変更先で「SDカード」を選び、**移動**を実行します。

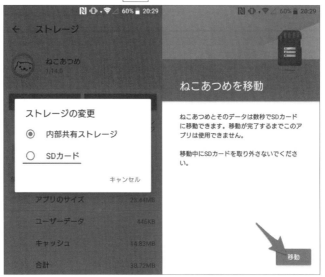

図4-1-11　「SDカード」にAndroidアプリを移動

使われているストレージが「SDカード」に変わっていれば、成功です。

図4-1-12　アプリが「SDカード」に移った

＊

すでに「SDカード」が「内部ストレージ化」された状態で新規アプリをインストールする場合、空き領域が最も多いストレージに自動的に配置されます。

図4-1-13　純粋な「内部ストレージ」が容量不足でも、自動で「インストール先」を「SDカード」に変更してくれる

　またアプリの更新も、いつも通り実行できます(アップデート後も保存先は外部ストレージのまま)。

図4-1-14　保存先が「外部ストレージ」のアプリを(左)、いつも通り更新できる(右)

　保存先を元の「内部ストレージ」に戻したい場合も流れは同じで、使われているストレージの変更から内部ストレージを選べばOK。

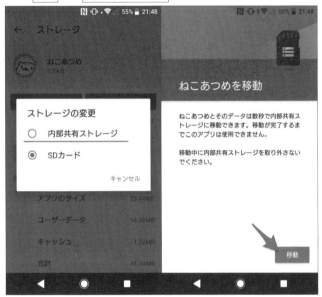

図4-1-15　アプリを内部ストレージに戻すこともできる

　筆者が検証した限り、保存先を変更しても、アプリデータは初期化されませんでした（＝セーブデータは維持されます）。
　しかし、「内部ストレージ」⇔「SDカード」の頻繁なアプリ移動は想定されない動作であり、リスクが高いため、推奨されません。

4-2 「SDカード」の「内部ストレージ化」&アプリ移動に関するアレコレ

この節では、「SDカード」の「内部ストレージ化」における細かい情報を補足します。

■「SDカード」の一部領域のみ「内部ストレージ化」する方法

「SDカード」の一部分のみ内部ストレージとして利用し、残りは通常の「外部ストレージ」として割り当てる方法もあります。

まず、「adbコマンド」で下記を実行します。

```
adb shell
sm list-disks
```

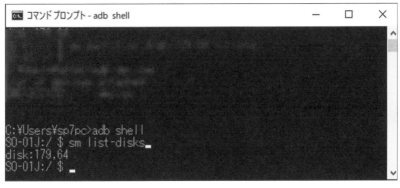

図4-2-1 「adbコマンド」で実行

続いて「内部ストレージ化」のコマンドを実行します。

たとえば、次の割合で「SDカード」を分割したい場合、

「SDカード」の60%：**内部ストレージ化**
「SDカード」の40%：**外部ストレージのまま**

下記コマンドを実行すれば、OK。

```
sm partition disk:179,64 mixed 40
```

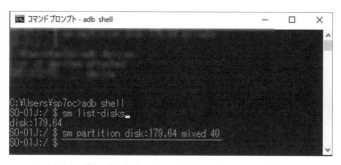

図4-2-2 「SDカード」の一部領域のみ「内部ストレージ化」する

> ※「disk:179,64」の数字の部分は使う「SDカード」によって異なります（詳細は前節で解説）

このように「mixed ●」で「外部ストレージとして割り当てたいパーセンテージ」を入力すれば、1枚の「SDカード」で内部ストレージと外部ストレージを同時に使うことが可能です。

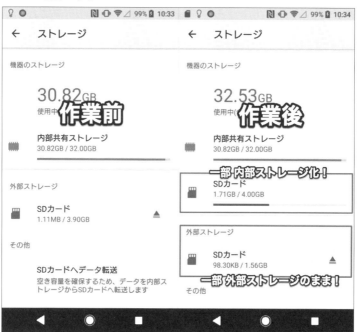

図4-2-3 作業前と比べ（左）、作業後は内部ストレージと外部ストレージが混在して認識される（右）

■「SDカード」の「内部ストレージ化」を解除して元に戻す方法

元の状態に「SDカード」を戻すだけなら、パソコンは不要です。

Android側で「設定」の ストレージ から、「内部ストレージ化」した「SDカード」のメニューを開きます。

図4-2-4 「SDカード」の「内部ストレージ化」を解除

そして、**外部ストレージとしてフォーマット**を実行します。

> ※「フォーマット」で「SDカード」は初期化されるため、必要なデータはバックアップしてください。
> アプリを外部ストレージに移している場合、元の「内部ストレージ」に戻すのを忘れずに。

図4-2-5 「外部ストレージ」としてフォーマット

再び「外部ストレージ」として「SDカード」が認識されていれば、OK。

図4-2-6 「SDカード」が「外部ストレージ」に戻った

[4-2]「SDカード」の「内部ストレージ化」&アプリ移動に関するアレコレ

■「SDカード」に「アプリ」を保存する際の注意点

主な注意点は3つあります。

・「SDカード」に移せないアプリもある(特にプリインストール・アプリ)
・「SDカード」を抜くとアプリを起動できない
・開発者向けオプション「外部ストレージへのアプリの書き込みを許可」は関係ない

それぞれ簡単に解説します。

①「SDカード」に移せないアプリもある(特に「プリインストール・アプリ」)

アプリによっては、「内部ストレージ化」した「SDカード」に移せない場合があります。

具体的には、**アプリ情報 → ストレージ**と開いても、「使用されているストレージ」項目が存在しない場合です。

図4-2-7　たとえば、「Gmail」(左)や「LINE」(右)は「内部ストレージ化」した「SD」に移せない

「プリインストール・アプリ」は特にその傾向が高いですが、サードパーティ製アプリも割と該当します。

一方、ゲーム系アプリは「SDカード」へ移せるケースが多いです。

また、デベロッパーが「android:installLocation属性」でサポートを指定したアプリに限り、「Adopted Storage」(＝「内部ストレージ化」した「SDカード」)に配置できます。

より詳細な情報はGoogleの開発者向けページをどうぞ。

②「SDカード」を抜くとアプリを起動できない

「内部ストレージ化」した「SDカード」にアプリを移した状態では、下記いずれかの操作には注意してください

・「SDカード」を抜く
・「外部ストレージ」としてフォーマットする

実行すると、「SDカード」に移したアプリは強制的にストップし、起動できなくなります。

図4-2-8　「内部ストレージ化」した「SDカード」を抜いた例
メッセージが表示され(左)、「SDカード」に移したアプリは起動できない(右)

筆者の検証した限り、「SDカード」を一時的に抜いた後、再挿入しても、アプリデータは初期化されませんでした(=セーブデータは維持されます)。

しかし、内部ストレージと一体化した「SDカード」をフォーマットせずにデバイスから外す動作は、リスクが高いため、推奨されません。

③開発者向けオプション「外部ストレージへのアプリの書き込みを許可」は関係ない

Androidの隠れ機能である「開発者向けオプション」には、「外部ストレージへのアプリの書き込みを許可」というメニューがあります。

図4-2-9 「開発者向けオプション」には「外部ストレージへのアプリの書き込みを許可」というメニューがある

"このメニューを有効にすれば「SDカード」へアプリを移動できるようになる"という情報がネット上で流れていますが、誤っているので、ご注意ください。

「SDカード」を「内部ストレージ化」しないと、アプリは移動できません。

また「内部ストレージ化」+「外部ストレージへのアプリの書き込みを許可」を両方有効にしても、移動可能なアプリの種別に変化は見られませんでした。

■「adbコマンド」でエラーが表示される原因と解決策

「adbコマンド」を実行しても、エラーが表示されて先に進めないことがあります。

ここでは、主なエラー例と解決策を紹介します。

エラー①	/system/bin/sh: sm: not found
エラー②	Error: java. lang. IllegalArgumentException
エラー③	error: no devices/emulators found
エラー④	'sm' は、内部コマンドまたは外部コマンド、操作可能なプログラムまたはバッチファイルとして認識されていません。

[エラー①] /system/bin/sh: sm: not found

下記エラーが表示される場合、デバイスのAndroidバージョンが古い可能性が高いです。

```
/system/bin/sh: sm: not found
```

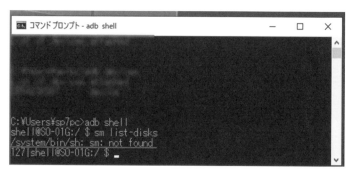

図4-2-10　「adbコマンド」のエラー「/system/bin/sh: sm: not found」

「SDカード」の「内部ストレージ化」は、「Android 6.0」から実装された機能「Adoptable Storage」を使っているため、これより古いOSバージョンだと失敗します。

まず、「Android OS」のバージョンが「6.0以上」か確認してください。

図4-2-11　設定の「端末情報」から確認できる

もし「Android 6.0」より古い場合、OSのバージョンアップを試してください

「Android 6.0以上」にアップデートできない場合は、残念ながらそのデバイスでは「SDカード」の「内部ストレージ化」はできません。

【エラー②】Error: java. lang. IllegalArgumentException

　下記エラーが表示される場合、入力しているコマンドに誤りがないか確認してください。

```
Error: java. lang. IllegalArgumentException
```

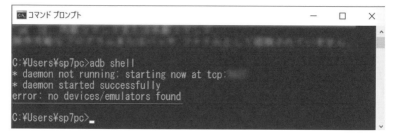

図4-2-12　「adbコマンド」のエラー「Error: java. lang. IllegalArgumentException」

【エラー③】error: no devices/emulators found

　下記エラーが表示される場合、次の2点を確認してください。

```
error: no devices/emulators found
```

・パソコンとAndroid端末が接続できているか
・AndroidのUSBデバッグが有効になっているか

図4-2-13　「adbコマンド」のエラー「error: no devices/emulators found」

　詳細は「SDカード」を「内部ストレージ化」する前提条件の項で解説しています。

[エラー④] 'sm' は、内部コマンドまたは外部コマンド、操作可能なプログラムまたはバッチファイルとして認識されていません。

下記コマンドを入力した際に、

```
sm list-disks
```

次のエラーが表示される場合は、

```
'sm' は、内部コマンドまたは外部コマンド、操作可能なプログラムまたはバッチファ
イルとして認識されていません。
```

記事中で紹介した手順に沿って作業しているか確認してください。

図4-2-14 「adbコマンド」のエラー「操作可能なプログラムとして認識されていません」

たとえば、1つ前の下記コマンドをスキップして入力するとこのエラーが表示されます。

```
adb shell
```

■「SDカード」を使って「内部ストレージ不足」を解消しよう!

今回紹介した「adbコマンド」を使った方法は少しハードルが高いですが、一度設定すれば、「内部ストレージと一体化したSDカード」として活用できます。

一方、冒頭で解説したとおり、「内部ストレージ化」はデメリットもあり、注意が必要です。

ストレージ容量の少ないAndroid機種をお使いであれば、ぜひお試しあれ。

参考 Android Source – Adoptable Storag

補章

高度なカスタマイズを可能に ─adbコマンド

> 1章や4章で登場した「adbコマンド」を使うためには、PC側で準備が必要です。
>
> この章では「adbコマンド」を使うための方法をWindowsとMacそれぞれで解説します。

筆者	@tomo_hack
サイト名	「あっとはっく」
URL	https://sp7pc.com/profile

補-1 　「Windows」で「adbコマンド」を使う方法

「Android Studio」(アンドロイド スタジオ)をご存知でしょうか。

「Android Studio」は、Googleが提供するAndroidプラットフォームに対応した「統合開発環境」のことです。

「開発環境」というワードのとおり、Android向けアプリケーションの開発ができるのはもちろん、「Android SDKツール」の1つ「adb」(=Android Debug Bridge)が利用できるようになります。

「adb」を使うと、既存のAndroid実機に対して、通常の設定画面からはできない高度なカスタマイズ指示を与えることができるのです。

＊

そこで本節では、Windowsの「コマンド・プロンプト」で「adbコマンド」を使えるようにする方法を紹介します。

> ※詳細な説明は、さまざまなプログラマーの方が分かりやすく解説しているので、調べてみてください。

■「adb」を「Windows」の「コマンド・プロンプト」で使う方法

「adb」を「Windows」の「コマンド・プロンプト」で使う設定の大きな流れは、下記のとおりです。

・Windows向け「Android SDKツール」を入手する
・adbコマンドのパスを通す
・adbが動作するか検証する

以下、順番に説明します。

*

[手順] 「adb」をWindowsの「コマンド・プロンプト」で使う

[1] Windows向け「Android SDKツール」を入手する

まずは公式サイトにアクセスし、利用規約に同意した後、Windows向け「Android SDKプラットフォーム・ツール」をダウンロードしましょう。

SDK Platform Tools
https://developer.android.com/studio/releases/platform-tools

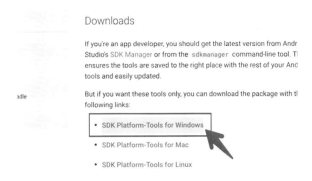

図 補-1-1　「Android SDKプラットフォーム・ツール」をダウンロード

[2] ダウンロードしたZipファイルを展開し、フォルダをCドライブ直下などに保存します。

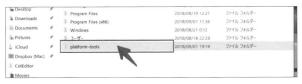

図 補-1-2　Zipファイルを展開

[3]「adbコマンド」のパスを通す

　「スタート・ボタン」（Windowsアイコン）の「右クリックメニュー」から シス テム を開き、 システム情報 → システムの詳細設定 と進みます。

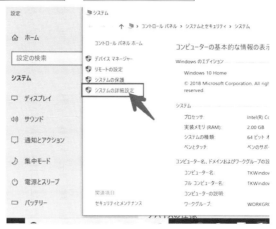

図 補-1-3　システムの詳細設定

[4] システムのプロパティで 環境変数 を開き、システム環境変数の Path を選択 して 編集 に進みます。

図 補-1-4　「環境変数」を開く

図 補-1-5　「Path」を選んで「編集」に進む

[5] 新しいパスを追加するので 新規 を選び、ダウンロードして展開した「Android SDK プラットフォーム・ツール」を保存したディレクトリのパスを表示。
それをコピーして、貼り付けます。

図 補-1-6　「新規」を選ぶ

図 補-1-7　ディレクトリのパスをコピー、貼り付け

[7] 「adb」が動作するか検証する

「adb コマンド」の設定が正常に動作するか検証します。

「コマンド・プロンプト」を起動します。

図 補-1-8　検索窓で"cmd"と打つと、すぐ見つかる

[8] 次のコマンドを実行します。

```
adb
```

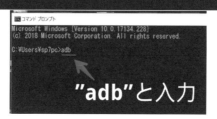

図 補-1-9　コマンドを入力

長々とコマンドが表示されれば、成功です。

図 補-1-10　成功

システム環境変数の「Path」を入力する部分は若干ハードルが高いですが、説明した手順で操作すれば「Windows」でも「adb」が使えるようになります。

補-2　「Mac」で「adbコマンド」を使う方法

本節では「Mac」の標準アプリ「ターミナル」で「adb」環境を整える手順を紹介しています。

＊

adbをMacの「ターミナル」で使う設定の大きな流れは下記通りです。

① Mac向け「Android Studio」を入手する
② 自身のAndroidに適した追加SDKをダウンロードする
③「ターミナル」に指定コマンドを入れ、「adb」を使えるようにする

以下、順番に説明します。

[手順]「adb」をMacの「ターミナル」で使う
[1] まずは「公式サイト」にアクセスし、利用規約に同意した後、Mac向け「Android Studio」をダウンロードしましょう。

Android Studio公式サイト
https://developer.android.com/studio/index.html

容量が約500MBと重いので、ネット環境によっては少し時間がかかるかもしれません。

[2] ダウンロード完了後、「dmgファイル」を開いて「アプリケーション・フォルダ」に「Android Studio」を移します。

図 補-2-1　「アプリケーション・フォルダ」へ移す

さっそくアプリを開きましょう。

> ※「App Store からダウンロードされたものではないため開けません」と表示される場合は、「control」キーを押しながらクリックしてみてください。

[3] 最初に、「Android Studio」の以前の設定をインポートするかどうか選択します。

初めて使う場合は、下の、

> I do not have a previous version of Studio or I do not want to import my settings

にチェックを入れ、「OK」をクリックします。

図 補-2-2　下の選択肢にチェックを入れる

[4] その後、「セットアップ・ウィザード」が開始されます。

「Next」を押して、次に進んでいきます。

図 補-2-3　「Next」を押す

[5]「Install Type」画面では、基本的な「Standard」か、高度な「Custom」にチェックを入れます。
　初心者なら前者の「Standard」でいいでしょう。

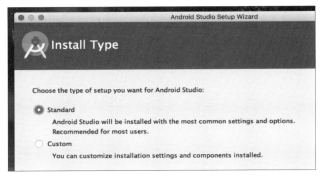

図 補-2-4　「Standard」にチェックを入れる

[6] インストール設定をすべて終えると、最後に再びダウンロード作業が開始されます。
　これも容量が大きいため、気長に待ちましょう。

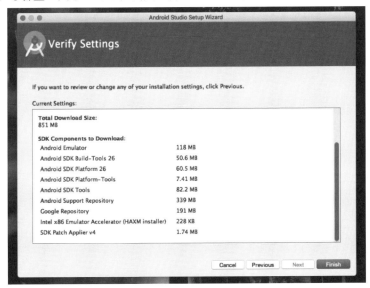

図 補-2-5　ダウンロードには時間がかかる

[7] 完了後、「Android Studio」トップ画面が表示されます。

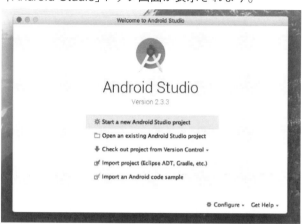

図 補-2-6　トップ画面が表示される

[8] 自身の「Android」に適した「追加SDK」をダウンロード

デフォルト状態の「Android Studio」はベースとなる機能しか搭載されていないので、実際にパソコンに接続する「Android実機」に適した追加設定が必要となります。

右下の Configure から SDK Manager をクリック。

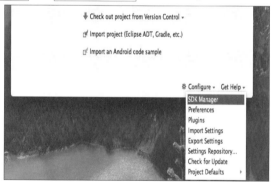

図 補-2-7　「SDK Manager」をクリック

[9] 「Android SDK」(Software Development Kit)に関する設定画面になるので、「Androidバージョン一覧」より、操作したい「Android実機」に適したバージョンにチェックを入れ、追加情報をダウンロードします。

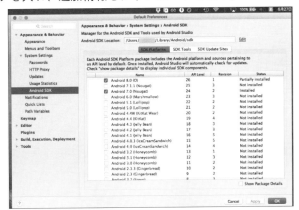

図 補-2-8　使う実機に適したバージョンをダウンロード

[10] 「Mac」内の「Android SDK」格納場所を確認します。
　「Android Studio」トップ画面右下の Configure から SDK Manager をクリックし、Android SDK Location をチェック。

図 補-2-9　「Android SDK」格納場所を確認

　デフォルトのままであれば、

/Users/ ユーザー名 /Library/Android/sdk

となっているはずです。

[11]続いてMacで「ターミナル」を起動し、下記コマンドで「bash_profile」を開きます。

```
$vi ~/.bash_profile
```

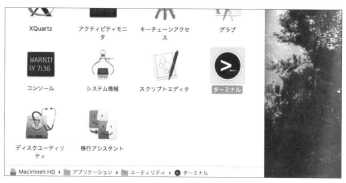

図 補-2-10　アプリケーション一覧からユーティリティ → ターミナルで起動できる

[12]次に、先ほど確認した「Android SDK」の場所を入力します。

```
export PATH=$PATH:/Users/ユーザー名/Library/Android/sdk/
platform-tools
```

「ユーザー名」の部分は、自身の「Macユーザー名」にします。

*

以上の手順で、「bash_profile」に「Android SDK」の「パス」を記入できました。

後は「ターミナル」を再起動し、下記コマンドを入力して「adb: command not found」とならなければ、成功です。

```
adb
```

[参考サイト]

Qiita – adb をMacのターミナルで使えるようにする
https://qiita.com/furusin_oriver/items/f956848788c7a63922bd

索 引

索 引

■筆者 & 記事データ

筆者	なき
サイト名	「巨人メディア」
URL	https://l-kyojin01.jp/

筆者	じゃんくはっく
サイト名	「JunkHack」
URL	https://hack.gpl.jp/

筆者	モバイルアウト管理人
サイト名	「モバイルアウト」
URL	https://clankey-exe.com/

筆者	@tomo_hack
サイト名	「あっとはっく」
URL	https://sp7pc.com/profile

本書の内容に関するご質問は、
① 返信用の切手を同封した手紙
② 往復はがき
③ FAX (03) 5269-6031
　(返信先の FAX 番号を明記してください)
④ E-mail　editors@kohgakusha.co.jp
のいずれかで、工学社編集部あてにお願いします。
なお、電話によるお問い合わせはご遠慮ください。

サポートページは下記にあります。

[工学社サイト]
http://www.kohgakusha.co.jp/

I/O BOOKS

Androidスマホの改造

2021 年 5 月 30 日　初版発行　ⓒ 2021

編　集　I/O 編集部
発行人　星　正明
発行所　株式会社工学社
〒160-0004 東京都新宿区四谷 4-28-20 2F
電話　　(03) 5269-2041 (代) [営業]
　　　　(03) 5269-6041 (代) [編集]
振替口座　00150-6-22510

※定価はカバーに表示してあります。

印刷：(株)エーヴィスシステムズ

ISBN978-4-7775-2149-4